EXPLICATIONS

SUR LE MÉMOIRE INTITULÉ:

ESSAI SUR L'ÉQUILIBRE

DES

DEMI-FLUIDES A FROTTEMENT;

PAR

Un Officier du Génie militaire.

> L'union de la théorie et de la pratique est ce qui place la France à la tête des nations civilisées.

PARIS,

BACHELIER, QUAI DES AUGUSTINS, N° 55. | CARILIAN-GOEURY, QUAI DES AUGUSTINS, N° 41.

JANVIER 1841.

ERRATA

Du Mémoire intitulé : ESSAI SUR L'ÉQUILIBRE DES DEMI-FLUIDES À FROTTEMENT.

Page 2, ligne 8, au lieu de *et de leur surface*, lisez *et leur surface*
Page 8, ligne 5, au lieu de *en glissant*, lisez *ou glissant*.
Page 17, ligne 6, au lieu de *ne révond pas à*, lisez *ne répond à*
Page 57, ligne 11, au lieu de $0^{m},473$, lisez $h = 0^{m},473$
Page 69, ligne 13, à la suite de $\frac{1}{8}$, ajoutez *et la hauteur* 10 *mètres*
Page 74, ligne 3, au lieu de *degré*, lisez *ordre*.

IMPRIMERIE DE BACHELIER,
rue du Jardinet, n° 12.

EXPLICATIONS

SUR LE MÉMOIRE INTITULÉ:

ESSAI SUR L'ÉQUILIBRE

DES

DEMI-FLUIDES A FROTTEMENT.

Il s'est élevé de nombreuses objections contre le Mémoire que j'ai publié il y a dix-huit mois sur l'équilibre des demi-fluides; avec elles sont venues des fins de non-recevoir que l'on fonde sur l'obscurité de la matière et sur la nécessité de ne pas toucher à une théorie créée par un homme comme Coulomb, admise et professée depuis un demi-siècle.

Ce genre d'argumentation, dont on fait peut-être trop d'usage dans le corps du génie, rappelle celui des disciples d'Aristote, et ne peut aujourd'hui avoir d'autre effet que de donner de la hardiesse à l'esprit le plus timide et le moins confiant dans ses propres forces. C'est, il me semble, la plus mauvaise manière d'honorer la mémoire des hommes distingués, car l'hommage qu'on leur rend ainsi n'est plus ni libre, ni raisonné. L'autorité est infiniment respectable en matière de tradition et de pure expérience, mais en fait d'invention elle ne l'est que jusqu'à discussion et ne saurait en tenir lieu. Comment n'aurais-je pas douté de sa valeur comme argument, quand, par exemple, j'ai vu contester l'idée des frottements variables que je croyais n'avoir besoin que d'être énoncée pour être admise, bien que ce fût une nouveauté. Cette objection et plusieurs autres que je releverai tout au long m'ont fait comprendre qu'il ne m'était pas encore donné de commander la réflexion et la méditation au lecteur, et que j'avais eu tort de compter sur elles. Comme cependant j'ai le desir d'être lu afin d'être utile, je viens essayer d'éclairer ce qui a pu paraître obscur dans mon Mémoire. Je crois toujours que la forme concise est la meilleure et la plus claire pour qui veut penser, et qu'au fond ce sujet n'est pas difficile quand on ne cherche pas à aller plus loin que je n'ai été, et que l'on se contente d'expliquer ou de préparer et diriger l'expérience. Mais il sera peut-être d'un bon effet que la question ait été traitée des deux manières, dussé-je, dans les développements où je vais entrer, me répéter et tomber dans quelques lieux communs, chose inévitable quand on veut ôter tout prétexte à la paresse des esprits (*).

Je sais que je m'adresse à une classe de lecteurs qui trouve ces discussions trop métaphysiques. Mais pour-

(*) C'est un rôle très difficile que celui d'intermédiaire entre la science pure et l'application; il exige peut-être plus de jugement et de perspicacité que celui de savant, et il est si ingrat, si dédaigné de part et d'autre, que pour faire qu'on s'y essaie, il ne faut rien moins que le vif desir de tenir son art à la hauteur des sciences.

quoi veut-on toujours mesurer une question à la vulgarité de ses applications, ou l'exactitude d'une théorie à la facilité avec laquelle elle est comprise et réduite en pratique? C'était la pensée de Coulomb, quand il a donné sa méthode, de se mettre à la portée des ingénieurs de son temps; aujourd'hui nous n'avons plus besoin des mêmes ménagements. Au reste, je ne vois pas qu'il fût bien nécessaire de rester à la portée de tous, si pour être vrai il fallait s'en éloigner un peu. Chaque science a sa métaphysique; flétrie sous le nom de subtile par ceux qui ne veulent pas l'étudier, elle est pour d'autres le résumé le plus succinct de cette science et son fondement le plus solide comme le plus noble. Dans l'étude de la matière la métaphysique se retrouve partout, et parce qu'on fermerait les yeux pour ne pas la voir elle n'existerait pas moins. La géométrie, la mécanique, le calcul différentiel en sont pleins; c'est l'abus de la métaphysique qu'il faut condamner, et non son usage dont aucune notion en ce monde ne peut se passer. Mais c'est méconnaître notre siècle que de vouloir la reléguer au fond des cloîtres ou dans les écoles, et de mépriser les efforts que font quelques hommes pour la lier solidement avec la réalité.

On ne sait pas ce que c'est que le frottement de molécule à molécule; donc, dites-vous, la méthode la plus empirique est la meilleure. Mais on ne sait pas davantage ce que c'est que la tension d'une corde, la résistance d'une pièce de bois à la flexion ou à la torsion; et que fait-on pour marcher néanmoins? On laisse des indéterminées que l'expérience découvre, et c'est à quoi nous voulons vous ramener. Il n'y a rien de moins abstrait que cela. Mais l'abus de la métaphysique et des hypothèses consisterait précisément à vouloir rendre compte du frottement entre les dernières parties des corps. Sans aller jusque-là, il est possible de trouver des équations parfaitement exactes; insuffisantes par leur nombre, elles n'en sont pas moins vraies à tout jamais, quelles que soient les découvertes ultérieures qu'on pourra faire. Il est conforme à la marche sévère des sciences de bien reconnaître le fond d'une question avant d'en venir à des procédés pratiques et à des tables. Il y a toujours quelque fruit à retirer de cette étude; même quand quelques points restent à éclaircir. Ici la loi principale des frottements demeure inconnue, c'est une équation qui manque; mais si un jour on la découvre, elle viendra compléter les autres et non les détruire: là seulement gît l'obscurité, qui se trouve ainsi rejetée dans l'indéterminée résultant de l'absence de cette équation, et encore cette indéterminée disparaît-elle dans le cas particulier d'une masse infiniment élevée suivant le talus naturel. Ce cas est important et doit absorber tous les autres, parce que la notion la plus claire qu'on puisse donner de la stabilité d'un massif appuyé contre un mur est que ce massif se trouve constitué dans le même état que s'il était limité au talus des terres sans cohésion.

Faut-il ne faire que de la médecine empirique jusqu'à ce que l'on connaisse les forces vitales, et rejeter le système du monde parce qu'on ne sait ce que c'est que l'attraction? Eût-il été raisonnable de nier les équations d'équilibre des fluides parfaits alors qu'elles n'étaient pas encore fondées sur l'analyse des actions moléculaires? et ne sait-on pas qu'il y a au fond de toute chose une inconnue que les travaux des hommes peuvent éloigner de plus en plus, mais faire disparaître, jamais?

Vous m'opposez les règles de la physique expérimentale et l'exemple de Newton, et vous ne voyez dans mon travail que des hypothèses. Je prouverai que j'en fais moins que personne en cette matière. Un auteur peut prendre plaisir à établir un système en ne se fondant que sur l'évidence et le raisonnement, et à ne citer l'expérience que comme vérification : c'est peut-être une faiblesse, mais au fond l'ordre d'exposition des idées ne fait rien; et quoique l'observation ne soit point placée en tête d'un ouvrage, si elle le confirme elle peut lui servir, elle lui sert réellement de base. C'est ce qui arrive pour les masses que j'ai qualifiées de stables.

D'un autre côté, l'habitude où vous êtes de considérer la théorie de Coulomb comme sacrée, vous empêche de reconnaître que jamais théorie fut moins appuyée sur l'observation. Pas une expérience ne l'a sanctionnée, et vous ne doutez pas plus que moi que Mayniel, bien loin de la justifier, n'en ait montré toute la faiblesse. Toutes les pratiques en usage en condamnent les résultats. Ainsi la règle de l'épaisseur égale au tiers de la hauteur, pour un mur de soutènement à parements verticaux, donne à ce mur une résistance égale à quatre fois la poussée que l'on déduit des hypothèses de Coulomb (*), quand on estime à 0,5 le frottement sur le revêtement. Il s'en faut que cette énorme différence soit suffisamment motivée par la nécessité de se tenir en garde contre les eaux, et leur effet serait-il de porter le talus naturel des terres à 70°, comme l'indique Coulomb, la différence resterait encore considérable et inexplicable. On parle beaucoup des surcharges et des ébranlements que peuvent produire les mouvements qui se feront sur les terre-pleins, mais c'est peu de chose, et l'on ne prescrit guère pour s'en défendre que le $\frac{1}{4}$, le $\frac{1}{5}$, Bélidor le $\frac{1}{6}$ en sus. Quant aux effets du tir en brèche il ne peut être sérieusement question de leur opposer une résistance efficace par la masse du revêtement. Seulement la division judicieuse de cette masse en un mur continu et des contre-forts peut rendre plus difficile l'ouverture de la brèche, et allonger quelque peu le temps nécessaire pour l'achever. Mais les ingénieurs militaires appréeient fort peu cet avantage, et il ne paraît nullement par l'énoncé des règles qui constituent ce qu'on appelle le profil de Vauban, que ce grand homme y ait songé ; je ne doute même pas qu'il n'ait eu en vue dans ses prescriptions que la seule action des terres; et ce qui le prouve assez bien c'est la recommandation de proportionner l'espacement des contre-forts à la nature des terres ou aux surcharges.

On n'est donc nullement fondé à dire que, d'après

(*) Voyez une note à la fin de cette brochure.

l'expérience, les contre-forts sont toujours en plus de ce qu'il faut à la poussée et bons seulement pour donner aux revêtements ce qu'on appelle une résistance militaire, mot nouveau qui paraît venir de Bélidor, et qu'on ne devrait admettre que lorsqu'il y a à craindre les commotions produites par l'effet des mines, ce qui ne regarde pas les escarpes.

Aucune de ces causes ne peut entrer régulièrement dans une théorie : mais on peut avancer que le temps, bien loin d'amener des chances de rupture dans des revêtements bien établis et qu'on entretient, apporte des causes plus fortes de consolidation par l'assiette et le tassement qu'il donne aux terres ainsi que par la cohésion que prennent les mortiers qui unissent la masse du revêtement avec sa fondation. J'ai donc raison de dire qu'il ne faut pas se rejeter sur des causes accidentelles pour expliquer le peu d'accord qu'il y a entre les données générales de la pratique et les résultats de Coulomb, mais qu'il faut en chercher la cause réelle dans l'insuffisance de sa théorie. J'ai donc raison de présenter l'expérience générale comme une forte présomption contre elle. Et ici je dois exprimer clairement ce que j'entends par insuffisance. Nul doute que par la cohésion qu'elles prendront les terres ne viennent bientôt à cet état voisin de l'état solide où cette théorie peut être appliquée, aussi Vauban prescrit-il de diminuer son profil pour des terres vierges. Mais ce n'est pas sur ce terrain qu'est la discussion et l'on fait avec raison dans l'établissement, de toute méthode générale, abstraction de la cohésion. Eh bien, je dis que par cela même on constitue le demi-fluide dans un état régulier fort différent pour le sens des frottements de ce qu'il était quand la cohésion y jouait un rôle appréciable. Coulomb n'a cependant pas changé son hypothèse, c'est-à-dire le sens des frottements; c'est là, à mon avis, l'inexactitude. Et il est bien plus inexact encore d'étendre cette même hypothèse à des remblais sans cohésions qui s'élèvent en forme de cavaliers ou de monticules au-dessus du revêtement; c'est cependant ce qu'on a fait depuis Coulomb.

Mais si tout ce qui semble ne s'adresser qu'à l'imagination et paraît entaché d'hypothèse ne mérite aujourd'hui aucune considération, que doit-on penser des nouveaux travaux que l'on vient de fonder sur ceci : que les lignes virtuelles de rupture sont droites dans toute espèce de remblai? Jamais Coulomb n'a été aussi loin. Voyez même dans ses mémoires tous ses scrupules à supposer ce principe dans un remblai limité à sa partie supérieure par une ligne de niveau. Là cependant une certaine simplicité de forme pouvait lui donner à croire que la courbe ne devait pas s'éloigner beaucoup de la ligne droite. J'ai fait voir qu'effectivement cela a lieu ainsi dans tout remblai dont le profil est un triangle posé sur le talus naturel. J'ai pu démontrer cette proposition sans analyse, et par cette seule considération que le rapport du frottement à la pression est une fonction angulaire qui ne dépend pas de l'étendue du massif, mais de sa forme, et qu'en des points semblablement placés il doit être le même dans des remblais semblables. Or, par là même il est démontré péremptoirement que dans des remblais non triangulaires, les lignes virtuelles de rupture ne sont pas droites. Néanmoins vous adoptez cette supposition, sans que rien ne vous fasse soupçonner la limite de son inexactitude. C'est là évidemment un nœud du problème. Si ces lignes sont quelque peu brisées, et elles le sont certainement, tout votre échafaudage est renversé.

Il faut cependant lever cette difficulté autrement qu'en faisant intervenir les lignes définitives de rupture. Celles-ci peuvent être des cycloïdes, ou tout ce que l'on voudra, qu'importe? puisqu'elles sont bien distinctes des lignes virtuelles de rupture. En citant ensemble les unes et les autres, on nous laisse à penser que l'on a voulu faire prendre le change et produire une espèce de confusion à l'aide de laquelle le public, déjà assez porté à prendre les premières pour les secondes, se croira convaincu. (Voyez la note au bas de la page 232 du n° 13 du *Mémorial du Génie.*) Était-ce là la logique de Newton? enfin ne s'écarte-t-on pas tout-à-fait de sa méthode en voulant faire de la pratique quand même, et par-là ne s'expose-t-on pas à retarder pour long-temps les progrès de la science; car la vérité aura à soulever le poids de cette pratique devenue populaire, et l'on sait si cela lui est facile!

Je diviserai ces explications en cinq parties:

Dans la première, je montrerai que l'indéterminée qui représente le frottement d'un remblai contre la paroi qui le soutient peut être positive ou négative, mais que c'est à tort qu'on lui a supposé celui de ces deux signes qui donne les moindres poussées, et que c'est l'autre au contraire qui constitue la masse dans un état régulier.

Dans la deuxième partie, je justifierai la manière dont j'ai considéré le frottement, c'est-à-dire comme une force variable, et j'en déduirai la notion la plus parfaite que je puisse donner de l'état régulier, c'est celui des demi-fluides à frottement sans cohésion ni aucun autre lien des particules entre elles (*).

Dans la troisième partie, je montrerai que le renver-

(*) C'est par la cohésion, quelque faible qu'elle soit, que les terres tiennent du corps solide, c'est par elle qu'il leur arrive de pousser comme des coins, mais quand elles ne sont unies que par le frottement, c'est-à-dire par une adhérence qui ne peut pas dépasser un certain rapport avec la pression, alors elles agissent comme un fluide *sui generis*. Il y a erreur grave à traiter de la même manière les terres non cohérentes et celles qui le sont, en se contentant ensuite de faire la cohésion nulle dans les formules; car le sens du frottement peut en être changé. Quiconque est géomètre doit protester contre la considération simultanée de deux forces de nature si différente. Un corps où règne la cohésion est inabordable à l'analyse puisqu'il n'a pas de constitution bien définie, que considéré sous une certaine étendue, il est solide; sous une plus grande il est friable. Au contraire un corps où il n'y a que le frottement, est fluide jusque dans ses plus petites parties. En chaque point il y a toujours une direction de rupture, dès-lors la force d'adhérence suit partout une fonction, chaque élément de sa masse est soumis à la différentielle de cette fonction. Voilà un corps constitué régulièrement. Je produirai partout et sous toutes les formes ces observations, à cause de leur importance. Augmentez indéfiniment le frottement dans une agrégation de parties vous n'en ferez jamais un corps solide. Ce sont ces considérations qui m'ont fait choisir pour titre de mon opuscule : *Essai sur les demi-fluides à frottement.*

sement d'un revêtement par rotation est loin d'être incompatible avec la tendance du demi-fluide à être soulevé.

Dans la quatrième partie, je ferai voir que la théorie des terres peut être mise au rang des théories les plus incontestables, en se contentant d'emprunter à l'expérience la valeur de l'indéterminée ou en donnant à cette indéterminée sa valeur limite.

Dans la cinquième partie, je donnerai le moyen de calculer l'intégrale des frottements autour d'un même point.

§ I. *Des deux propriétés qui caractérisent les sables homogènes et les terres meubles qui s'en* rapprochent.

Il y a dans les sables deux propriétés bien caractéristiques : la première de s'ébouler, la deuxième de se transporter parallèlement et de tendre à se soulever sous l'action d'une pression verticale exercée inégalement sur leur surface supérieure. Ces deux propriétés fournissent deux équations qui servent à mettre en équilibre une portion finie, grande ou petite, de la masse. Cette tendance au soulèvement sous l'action de la poussée existe même dans des remblais de niveau soumis à leur seul poids, elle n'implique nullement l'idée d'une pression exercée de bas en haut, parce que le frottement seul suffit pour en triompher. Certes il paraît difficile d'abord qu'un prisme quelconque tracé dans un remblai de niveau et solidifié tende à être soulevé, mais cela peut se concevoir aisément d'un prisme dont l'angle est petit. Dès-lors est fixé le sens du frottement contre le revêtement, dès-lors une portion quelconque de la masse tend à être soulevée, non pas parce que solide elle ne saurait être en équilibre autrement, mais parce que fluide et divisible elle renferme un prisme qui, solidifié, exige que cette condition soit remplie. Au reste, cette différence entre un grand et un petit prisme disparaît, et il est également admissible *à priori* pour les uns et pour les autres qu'ils tendent à être soulevés, dès que l'on cesse de restreindre l'étendue du remblai, qu'on le prend indéfini entre sa surface libre et la ligne qui représente la paroi, et enfin qu'on suppose à une profondeur indéfinie le plan horizontal qui le porte; car alors une portion quelconque de la masse peut être renfermée dans un prisme d'un angle aussi petit que l'on veut.

Ce qui n'est d'abord qu'une induction est vérifié par l'expérience. En effet, j'ai rappelé, pages 56 et 57 de mon Mémoire, deux observations de Rondelet; je leur ai appliqué le calcul sans rien préjuger sur le frottement le long du revêtement. Eh bien, chacune a confirmé que cette résistance agit comme opposée à la poussée et non au poids! Les observations de Mayniel manquent de quelques données et ne sont pas assez précises pour entrer dans les mêmes formules, mais elles fournissent en gros la même conclusion, puisque leur auteur n'a pu les faire concorder avec la théorie de Coulomb qu'en négligeant le frottement contre le revêtement et en supposant à des terres qui se soutenaient sous un angle avec l'horizon de 45 à 35°, le faible coefficient de frottement 0,40 qui est la tangente d'un talus naturel de 22°. Et remarquez que ce n'est pas l'état stable qu'a étudié Meyniel, mais l'équilibre strict. Depuis on a confondu la stabilité du revêtement avec la correction d'une théorie imparfaite, tandis que c'est le sens et la quantité de ce frottement qu'il faut prendre pour l'indéterminée à déduire de l'observation; le coefficient de stabilité ne doit venir qu'ensuite. Ce n'est pas avec un coefficient multipliant tous les termes d'une même expression que Dulong et Petit ont trouvé les lois de la déperdition de la chaleur; cette méthode est grossière et tout au plus bonne à l'origine d'une théorie.

Il y a d'autres expériences de Rondelet qui donnent au frottement le sens que Coulomb a supposé. Oui, c'est quand Rondelet, quittant les sables fins, secs et homogènes, a expérimenté des terres qui ne présentaient plus un ensemble, un être bien défini. La mobilité des molécules et des tranches coulant les unes sur les autres y est changée en un engrènement de grosses particules anguleuses qui transforme le demi-fluide en un corps solide friable, qui doit peut-être se rompre là où la puissance est un maximum relativement à la résistance. Mais ce n'est là que le dernier degré de l'échelle des fluides imparfaits. C'est à l'autre extrémité de l'échelle et en dehors de ce cas irrégulier et indéfinissable qu'il faut se placer.

Qui dit frottement dit engrènement; mais si par la grosseur et la forme des particules cet engrènement devient semblable à celui d'un peigne ou d'une herse, si la cohésion s'y joint, le mouvement virtuel de la masse ne peut plus se faire que par blocs dont la grosseur est proportionnée à l'intensité de la force qui unit les particules entre elles indépendamment de la pression, et voilà ce qui, en langage mathématique, est un état irrégulier, parce qu'une petite partie de la masse, une tranche mince n'exerce pas une action de même nature et ne jouit pas de la même fragilité que la masse entière.

Je veux être plus explicite encore, et ici je prie le lecteur de tracer lui-même la figure que j'appelle à mon secours. Près de la paroi et à partir de son pied tracez une ligne qui sépare la masse en deux parties, d'un côté un petit triangle que je suppose plus petit que celui de la plus grande poussée contre le remblai indéfini (en me plaçant un instant au point de vue de Coulomb), de l'autre ce remblai indéfini. Ces deux remblais se font équilibre; s'ils constituaient un liquide tous deux pousseraient également; comme ils ne sont qu'un fluide imparfait, le triangle pousse moins que le remblai indéfini; cet excédant de poussée se décompose en deux forces, l'une normale au revêtement, l'autre tangentielle, qui tend à soulever le petit triangle; d'où vient donc que celui-ci ne se meut pas, si ce n'est d'un frottement sur la paroi s'exerçant de manière à combattre la poussée. Donc cette tendance à être soulevée est l'expression même de l'incapacité où est un fluide imparfait d'opposer, comme les liquides, une pression toujours égale, quelle que soit sa masse, quand le niveau ne change pas.

Cette démonstration suppose que le petit triangle est capable d'exercer par lui-même une poussée et qu'il est indépendant du reste du remblai auquel il est accollé et sur lequel on suppose qu'il peut glisser sans résistance. Mais comme de fait ce glissement, cette séparation du triangle d'avec le reste du remblai exige un effort, le frottement sur le revêtement sera diminué d'autant; si même vous allez jusqu'à les supposer liés par la cohésion ou l'enchevêtrement de leurs parties de manière à ne faire presque qu'un même corps solide, vous parviendrez jusqu'à changer le signe du frottement sur la paroi, et vous tomberez ainsi dans l'hypothèse de Coulomb. Mais rien ne prouve que dans tous les demi-fluides les choses aillent jusque-là, et l'expérience n'indiquerait-elle rien à ce sujet, vous devriez nécessairement admettre qu'il y a deux espèces de fluides imparfaits, les uns tendant à remonter, les autres à descendre le long du revêtement. Il est donc aisé d'expliquer tous les résultats de Rondelet. Mais la ligne de démarcation entre ces fluides n'est point susceptible d'être tracée, et il faut s'en tenir à ceux qui ont le double avantage de donner les poussées les plus fortes et de présenter un état régulier, défini comme je l'ai fait plus haut et comme je le ferai encore mieux après m'être expliqué sur la véritable notion du frottement.

Au résumé, une portion quelconque de la masse est soumise à deux forces, son poids et la poussée latérale; pourquoi voulez-vous que le frottement ne puisse naître que du poids et non de la poussée, quand c'est au contraire dans le sens de la poussée que le mouvement a lieu? Je prétends qu'il agit comme opposé à l'une ou à l'autre de ces forces, suivant le degré de fluidité du remblai.

Mais, objecte-t-on, vous arrivez à cette conséquence singulière qu'un prisme, ou une tranche élémentaire, est appelé à la fois à descendre le long des terres et à monter le long du revêtement. Or, c'est en cela même que je crois être dans le vrai. L'absurdité d'un corps qui monte et descend à la fois n'est qu'apparente. Elle serait réelle s'il s'agissait d'un prisme solide compris entre deux plans fixes; mais si l'un des plans, le plus intérieur, est mobile de sa nature et se trouve forcé d'accompagner le prisme qui s'appuie en partie sur lui, alors ce plan montera lui-même, et conservant son contact avec le prisme, il conservera toujours sur lui cette action retardatrice par laquelle il l'empêche de peser sur le plan d'ascension, c'est-à-dire sur le revêtement, de toute la composante de son poids.

Coulomb dans ses Mémoires a fait mention de la force qui, émanant du revêtement, serait capable de soulever un prisme en le faisant glisser vers le haut. En 1833 j'ai calculé cette force par un minimum, et j'ai fait voir qu'elle se trouvait par un théorème analogue à celui de Prony; mais elle n'avait alors pour moi d'autre utilité que de fournir une limite des coefficients de stabilité. M. Poncelet a eu l'idée plus heureuse d'appliquer la considération de cette force à l'équilibre des terres qui recouvrent les fondations d'un revêtement, ces terres tendant à être soulevées par la poussée que le remblai exerce sur le revêtement. M. Poncelet a donné à cette résistance le nom de *butée*. Or je ne puis comprendre que l'on reconnaisse dans ce cas la tendance au soulèvement, et qu'on la regarde comme impossible dans l'intérieur du remblai lui-même. Ne l'admettre que lorsqu'il y a un changement brusque de forme dans le massif et là où le remblai prend tout-à-coup une plus grande hauteur de manière à former une escarpe, un ressaut, c'est violer la loi de continuité, vraie ici comme partout ailleurs. Que la surélévation du remblai soit graduée ou qu'elle soit subite, les mêmes tendances doivent exister ou du moins peuvent exister, seulement à des degrés différents.

Si il y a inconséquence à séparer deux phénomènes qui n'en font qu'un, de manière à nier l'un et à reconnaître l'autre; il y aurait une grande inexactitude, en admettant dans les sables les deux tendances au soulèvement et à l'éboulement, à ne point les considérer ensemble et comme se réunissant, car ce sont les deux composantes du mouvement virtuel de chaque grain de sable. Cela va de soi-même et n'aurait pas besoin d'être dit, si le résultat ordinaire de la lenteur des progrès d'une science n'était que l'on y découvre isolément des phénomènes auxquels on attribue successivement un rôle exclusif, avant d'en venir à les réunir comme ils le sont dans la nature. Au reste, je répète que l'expérience a décidé en dernier ressort. C'est donc bien le signe et la quantité du frottement sur toutes les lignes parallèles au parement intérieur du revêtement qui exprime, pour des remblais de même forme, leurs degrés inégaux de régularité et de fluidité.

§ II. *De la résistance au glissement.*

Jusqu'ici on n'a considéré le frottement qu'à l'instant où il va être vaincu, c'est ce que j'appelle avec raison une notion imparfaite de ce genre de force passive. Mais pour ne pas effrayer ceux qui, assez faussement, ne peuvent séparer l'idée de frottement de celle d'un mouvement immédiat (tandis qu'il y a frottement toutes les fois que, sans l'intervention de cette force, le mouvement aurait lieu), il serait mieux de créer le nouveau mot résistance au glissement, à la séparation tangentielle. Cette résistance ne prendrait le nom de frottement qu'au moment de la rupture. Ce n'est là qu'une question de mots. Il est constant que la résistance au glissement, qui est nulle sur un plan horizontal, ne passe pas tout-à-coup à sa valeur maximum dès que le plan vient à s'incliner, et qu'elle n'y arrive que par degrés. L'action de la pesanteur s'accroît insensiblement à mesure que le plan incliné se dresse, il en est forcément de même de la force qui lui résiste.

Quand on n'a en vue qu'un corps solide isolé, cette considération n'a d'autre utilité que celle qu'on doit toujours trouver à être exact, et je conviens qu'elle n'ajoute rien d'important à ce que l'on sait de l'équilibre d'un solide placé sur un plan incliné.

Mais on pense bien qu'il n'en peut être de même dès que l'on considère une agrégation de particules maintenues en équilibre par le frottement; car pour qu'il y ait rupture, il est clair qu'il n'est pas nécessaire que la résistance soit vaincue en tous les points et sur toutes les directions : il suffit qu'elle soit vaincue sur un système de lignes (et même une seule ligne) aboutissant par leurs extrémités à des points ou libres ou imparfaitement soutenus, c'est-à-dire appuyés sur des obstacles qui cèdent. D'où il suit que cette manière de considérer le frottement doit précéder toute théorie de l'équilibre des terres; sans elle il serait étrange qu'on pût rien faire de complet, de même qu'il serait impossible de trouver l'équation de la chaînette, ni de résoudre aucun des problèmes qui s'y rattachent, si l'on ne voulait faire entrer dans le calcul la tension d'une corde qu'au moment et en l'endroit où la corde se rompt.

Je ne sais si je n'ai pas tort de m'étendre plus longuement sur ce point, pourtant je rappellerai que dès qu'une nouvelle grandeur vient à être considérée, il arrive qu'on ne la prend d'abord que dans un seul état, celui où elle s'est révélée à l'observation; elle a alors une valeur fixe, et ce n'est ensuite que par une seconde et souvent très tardive opération de l'esprit qu'on en vient à la traiter comme variable. Méconnaître que ce soit là un progrès, c'est méconnaître la marche qu'ont suivie jusqu'ici les sciences mathématiques. On ne prend pas garde que nier une résistance à la rupture moindre que le maximum, parce que dans cet état on ne la voit ni on ne la touche, c'est nier la rupture elle-même à l'instant où elle devient visible et palpable. Le frottement sur les lignes de rupture d'un massif emporte avec lui l'idée d'un frottement sur toutes les lignes qu'on peut y tracer et d'un frottement moindre que le premier, par cela même qu'il ne se trouve pas vaincu et aussi parce que si la résistance à la rupture était la même sur toutes les directions, une même paroi supporterait à la fois une foule de pressions différentes. Or cela serait absurde. Une paroi ne peut supporter qu'une seule pression, de même qu'un seul être ne peut avoir deux existences différentes à la fois, et cette condition fournit une équation qui lie entre eux tous les frottements. Cette équation ne mérite pas d'être appelée loi : j'ai réservé ce nom à l'équation qui manque encore pour achever la solution du problème en faisant disparaître toute indéterminée.

La notion du frottement maximum n'est pas plus complète que celle des frottements moindres, c'est dans les deux cas le même phénomène à expliquer. Si dans l'état d'ignorance où nous sommes à ce sujet il vous répugne de considérer le frottement entre particules très petites quoique de grandeur finie, et si vous préférez vous en tenir au frottement entre des surfaces planes qui s'étendent dans tout le massif, parce qu'alors vous ne sortez pas des résultats de l'expérience, et que vous vous dispensez ainsi de vous jeter dans des hypothèses inextricables auxquelles l'utile n'a rien à gagner; j'y consens, et comme vous je m'en tiens aux remblais triangulaires, les seuls qui intéressent la pratique. Là le frottement est le même sur toute l'étendue d'une même surface plane; là je n'introduis aucune hypothèse nouvelle; là, comme je viens de le dire, tout ce que j'ai fait rentre implicitement dans ce que l'on sait du frottement.

On rencontrerait bien d'autres difficultés si l'on cherchait à expliquer comment la rupture a lieu au moment où la force qui s'y oppose atteint son maximum. Mais ce phènomène tient évidemment à la nature des actions moléculaires; or il faut se tenir en dehors d'elles et faire comme on a toujours fait pour les grandes questions du système du monde, où l'on analyse les grands mouvements avant d'en venir aux perturbations et inégalités.

On m'a objecté encore que les lois du frottement trouvées par l'expérience ne s'appliquent qu'au frottement maximum, et qu'il n'est plus certain qu'elles soient encore vraies quand la résistance au glissement est loin de cette limite.

A cela je réponds que non-seulement je n'ai pas supposé ces lois, mais même qu'elles n'ont plus de sens en dehors des frottements maximum. Voyons pour celle-ci : « Le frottement est proportionnel à la pression. » On peut l'énoncer ainsi : « L'angle sous lequel un corps commence à glisser sur un plan incliné est indépendant de son poids. » Ou encore : « La résistance au glissement, toujours égale au produit de la pression normale par la tangente de l'inclinaison du plan, acquiert son maximum sous le même angle, quelle que soit la pression. »

Sous ces deux énoncés il est bien clair que cette loi n'a plus de sens pour les résistances inférieures au maximum, elle n'établit aucun lien entre elles et les pressions. Ce qui a trompé sans doute et fait naître l'objection, c'est que j'ai continué à prendre pour variable, non la résistance elle-même, mais son rapport f à la pression. Si au lieu de ce nombre f vous remettez la force même dans les formules, toute apparence de loi supposée disparaîtra.

Je dis seulement que partout où ce nombre f atteindra le maximum $\cot\varphi$ et tendra à le dépasser, il y aura rupture, quelle que soit la pression. Mais qui ne reconnaît là l'énoncé même de la loi des frottements maxima et non une extension de cette loi à des frottements moindres?

Voyons pour la seconde : « Le frottement est indépendant de l'étendue de la surface frottante. »

Cela doit s'entendre du frottement entier d'un corps solide, mais non de chaque frottement produit sur les divers éléments du plan de contact. Chacune de ces résistances élémentaires est d'autant moindre que la surface a plus d'étendue. Si cette étendue est représentée par A, que π soit la pression sur l'unité de surface, et P la pression totale exercée par le corps solide, on doit avoir sur chaque unité de surface un frottement $f\pi$, et sur la surface entière $fA\pi$; et comme $\pi = \frac{P}{A}$, le frottement total sera $f\pi$, expression d'où A disparu. Ainsi cette seconde loi des frottements maxima consiste simplement en ceci : « Le frottement d'un corps solide se répartit également, comme la pression, sur tout le plan de contact », ce qui est évident *à priori*, et ce que par conséquent on a peut-être eu tort d'appeler une loi fondamentale. Mais sur chaque élément la résistance au glissement est proportionnelle à l'étendue de l'élément.

Lorsque ce n'est pas un corps solide de grandeur appréciable qu'on met en équilibre, que la pression est de sa nature variable d'un élément à l'autre de la masse, cette loi n'a plus de sens. Il est donc inexact de dire qu'elle entre implicitement dans l'équilibre d'une particule élémentaire.

Il est trop important de bien établir la différence des fluides imparfaits et des solides pour que je ne le fasse pas ici à l'aide des notions qu'on vient d'acquérir.

Les corps solides sont ceux qui transmettent une force quelconque sur sa direction, et rien que sur sa direction, dans toute son intégrité et sans modification de leur état intérieur. Il n'y a pas de corps parfaitement solides dans la nature, car pour satisfaire à la définition que nous venons de donner, il faudrait qu'ils fussent parfaitement durs, sans pores ni interstices. Mais on peut considérer comme tels ceux dont les parties sont liées entre elles par des forces supérieures à celles qu'on doit leur appliquer du dehors. Cependant il y a entre ces deux espèces de corps une grande différence, les premiers, s'ils existaient, transmettraient une force en vertu seulement de l'impénétrabilité de la matière; les seconds la transmettent par l'intermédiaire des forces intérieures qui entrent nécessairement en jeu.

Cette transmission, qu'on peut en quelque sorte comparer à un mouvement ondulatoire, suppose nécessairement une loi, une répartition dans les forces intérieures d'autant plus régulière, que les molécules approchent plus du moment où elles vont être disjointes. Un fluide à frottement sans cohésion est un corps parvenu précisément à ce point de régularité parfaite.

Je dis que si les forces intérieures qui unissent les particules entre elles sont la cohésion et le frottement, ce fluide imparfait présente une grande irrégularité, car il n'est pas vrai qu'une petite partie de la masse ressemble à une plus grande; abandonné à son propre poids, l'une se soutient, l'autre se brise et prend un talus; il peut ne s'y déclarer qu'une seule ligne de rupture, le frottement et la cohésion n'être vaincus que sur cette ligne, alors, aucun maximum ne se formant à l'intérieur du bloc qu'elle sépare du reste, ce bloc est bien comme s'il était parfaitement solide. Ce cas est véritablement celui où s'applique la théorie de Coulomb; mais faire ensuite varier les pressions avec la hauteur et décomposer ce solide en tranches, comme Coulomb l'a fait pour trouver le point d'application de la poussée, c'est aller contre sa première hypothèse. Si ce bloc, à cause des résistances intérieures qu'il renferme, autres que le frottement, ne se divise point, il faut le considérer comme un corps solide et faire abstraction de ces résistances, car elles sont comme si elles n'étaient pas.

Au contraire, si le frottement seul maintient l'adhérence sur toutes les parties, le fluide imparfait devient très régulier; car l'esprit ne conçoit pas qu'une pareille agrégation puisse exister sans qu'en chaque point le frottement, sur une certaine direction, n'atteigne son maximum: cela tient à la similitude parfaite qui existe entre une petite masse de fluide et une plus grande. Mais un maximum suppose une fonction qui vient en croisant de droite et de gauche pour arriver jusqu'à lui; donc le frottement est en chaque point une fonction continue des coordonnées de ce point et de la direction sur laquelle on veut le mesurer. Dès-lors ce fluide est constitué dans un état tout mathématique, et une portion finie ou infiniment petite de la masse ne peut être soumise qu'à l'accroissement du frottement ou à sa différentielle.

Cette dernière preuve complète ce qui a été dit au § II, en remplaçant une simple induction par un raisonnement rigoureux.

§ III. *De l'indépendance qui existe entre le mouvement du revêtement et l'état de la masse demi-fluide entière.*

—

Quand le plan de soutènement des terres vers lequel tend l'éboulement ne peut céder que tout d'une pièce et non par la dissolution simultanée de toutes ses parties, doit-on penser que la nature de son mouvement influera sur la répartition des frottements et des pressions, non-seulement dans son voisinage, mais dans toute l'étendue de la masse demi-fluide? En d'autres termes la réaction du revêtement peut-elle avoir pour effet de changer toutes les directions du frottement dans la masse indéfinie et de constituer ainsi cette masse dans le même état que si *à priori* la tendance avait été non à s'ébouler latéralement, mais à s'enfoncer, alors cependant que ce fond est parfaitement inébranlable et incapable d'aucun mouvement virtuel? S'il en était ainsi, on arriverait à cette conséquence déraisonnable que quelles que soient les charges latérales qu'on peut ajouter au massif, quelque parfaite que soit son incompressibilité, quelque tendance enfin qu'il ait, aux yeux de tous, à remonter le long d'une paroi d'abord inébranlable, tout cela changera et le massif n'aura plus qu'une tendance à tomber verticalement dès que cette paroi sera mobile autour d'un axe. Cela revient à dire qu'une masse quelconque en repos ou en mouvement, un torrent, qui a en lui seul la cause de l'effort qu'il exerce contre un obstacle, va atténuer cet effort, et pour cela se modifier jusqu'à ce qu'il soit possible à l'obstacle de lui résister. Le torrent coulait à droite, il remontera, dit-on, à gauche, vers sa source, de peur de renverser trop aisément la digue que vous lui opposez, et il ne la renversera que si, après avoir changé le sens de ses efforts, il la trouve encore incapable de le soutenir. Cette comparaison touche à la réalité, car les mouvements virtuels ne sont que des courants à leur naissance et sans forces vives.

Des réactions, on peut dire des concessions réciproques entre des corps qui se touchent ont lieu, il est vrai, mais pas au-delà de certaines limites imposées par l'état même de ces corps pris isolément. L'influence d'une paroi mobile sur la masse demi-fluide est déjà grande, puisque par cela seul que c'est elle qui cède et non une autre, il en résulte un état particulier fonction de son inclinaison. J'admets même que la loi inconnue de répartition des frottements se modifie jusqu'à ce que le frottement contre la paroi ne dépasse pas la limite maximum qui dépend de sa nature et de son degré de poli. Cette modification étant compatible avec le mouvement virtuel latéral, peut être admise ; mais il faut s'arrêter là.

Les demi-fluides, à un certain point comme les liquides, tendent à remplir, en s'y précipitant, un vide que l'on forme à leur intérieur ou sur leurs bords; mais il serait étrange que leur état fût le même en quelque lieu que le vide dût être formé. Or le renversement d'un revêtement produit l'effet d'un vide, non à l'intérieur, non en-dessous, mais sur le côté.

Sans doute que l'état intérieur d'un corps solide ou fluide, température, pression, etc., dépend de son état aux extrémités, mais ici il y a à considérer deux corps en contact, et si les liaisons qui existent dans le solide exigent à la surface du fluide la production d'un frottement incompatible avec la tendance que d'autres conditions lui ont faite, il est nécessaire qu'il se crée un intermédiaire qui les mette d'accord.

L'action du revêtement s'étend sans doute jusqu'à une certaine distance, mais n'embrasse qu'une tranche limitée. Ainsi la tranche en contact avec lui est soulevée, et en même temps elle est retenue sur la tranche suivante par le frottement contre elle et par son propre poids; la première de ces deux résistances, le frottement, sera d'autant moins sollicitée que la seconde, le poids, sera plus considérable. Donc plus cette tranche pénétrera par son épaisseur dans la masse, moins l'action de la paroi deviendra sensible, et cette action sera nulle dès qu'on arrivera à un plan qui séparera une tranche dont le poids égalera la force entraînante exercée par la paroi.

Il est vrai qu'on peut croire que la séparation du revêtement et des terres se fait non pas tangentiellement et parallèlement à la surface de contact, mais suivant une direction oblique. Or un peu de réflexion fait voir que toute séparation oblique entre deux corps suppose nécessairement la totalité du frottement vaincue; il n'y a qu'une séparation suivant la normale qui ne suppose aucun frottement.

Le système se compose donc, 1° d'un revêtement; 2° d'une tranche de demi-fluide, d'égale épaisseur et soumise à son action; 3° d'une masse demi-fluide indéfinie qui pousse en avant et tend à soulever à l'aide du frottement $f_0\, p_0$, tout ce qui est devant elle. On se rappelle que p_0 est la poussée, f_0 le rapport du frottement à la pression sur toutes les lignes parallèles à la paroi. Ici je suis obligé de considérer deux mouvements virtuels successifs (assemblage de mots qui va être légitimé). Dans le premier le revêtement et la tranche qui lui est accollée sont soulevés ensemble sans désunion, par l'effet de la force p_0 et du frottement $f_0 p_0$ s'ajoutant à l'action de la poussée au lieu de la réduire. Ce premier mouvement virtuel n'est pas celui qui commence la rupture; du moins on n'a guère supposé jusqu'à présent que les terres accompagnassent le revêtement dans sa chute. Aussi je n'ai pas cru qu'il fallût prémunir celui-ci contre ce premier mouvement virtuel. La rupture n'est réputée commencer qu'alors que le revêtement se sépare des terres. Dans cet instant qui, comme on le voit, n'est que le second, c'est encore la force p_0 qui pousse le revêtement normalement à sa paroi intérieure, parce que la tranche soumise à son action et intermédiaire entre lui et la force p_0, est comprise entre deux plans parallèles (sans quoi l'action du revêtement serait inégale à des distances égales, et il n'y a pas de raison pour que cela soit). Cette force p_0 arrivée au revêtement y est combattue et non secondée par le frottement de la tranche contre lui. Tous deux sans doute, revêtement et tranche, ont été soulevés par le frottement $f'_0 p_0$ de la masse indéfinie sur la tranche : c'est ce qui a produit le premier mouvement virtuel; mais maintenant le revêtement tend à aller plus vite que la tranche, de là une résistance égale à la plus grande force qui les puisse unir, savoir $ff' p_0$ si ff' est le coefficient du frottement du revêtement sur les terres.

Si le lecteur veut bien penser un peu sur cette matière, il reconnaîtra, j'espère, la justesse de cette explication du désaccord apparent entre le mouvement de renversement du piédroit et le signe donné à f'_0 par l'expérience.

§ IV. *De l'indéterminée qui reste et doit rester dans les formules, excepté dans le cas particulier de la masse indéfinie limitée au talus naturel.*

Il me semble, dans les développements qui précèdent et dans ceux qui remplissent mon Mémoire, m'être assez occupé du mouvement virtuel de la masse pour ne point mériter le reproche de n'en tenir nul compte. L'importante distinction que j'ai établie entre les différents sens d'éboulement qui la constituent chacun dans un état différent, répond assez à ce reproche. Il est vrai toutefois que cette étude n'est pas complète; et si l'on prend un élément cubique de la masse, nous ne pouvons dire quelle forme affecte ce cube dans le mouvement virtuel, ni comment les choses se passent à son intérieur.

On nous oppose aussi que les glissements ne se font pas dans un remblai comme quand deux corps solides, dont la surface de contact est plane, glissent l'un sur l'autre, mais que les particules roulent et glissent à la fois : de là des mouvements virtuels compliqués et inextricables. Cette difficulté se retrouve au même degré dans la méthode de Coulomb; elle fait sans doute que la théorie seule ne résoudra pas la question de l'équilibre des terres, mais elle n'empêche pas que si à travers une masse en repos vous tracez un plan, sur ce plan et tangentiellement à lui se produisent une infinité de résistances à la séparation des particules. Ces résistances sont celles que l'on fait entrer dans le calcul sous le nom de frottements, et toutes nos hypothèses à leur égard se réduisent à celle-ci : dans des remblais semblables et en des points semblablement placés, les rapports de ces résistances aux pressions sont les mêmes. Or cette hypothèse est, à mon sens, un axiome.

On échappe donc à cette difficulté par cela seul que l'on considère l'équilibre de la masse comme un fait, une donnée et non une chose dont il faut démontrer la possibilité.

Quelles que soient les découvertes que l'on pourra faire à ce sujet, je dis qu'on ne renversera jamais ce principe si connu : *Quand une masse, dont les parties ne sont pas liées invariablement entre elles, est en équilibre, on peut en solidifier par la pensée une portion finie ou infiniment petite, sans détruire l'équilibre existant, et les forces appliquées à cette partie solidifiée doivent satisfaire aux équations obligées entre des forces appelées à s'entre-détruire par l'intermédiaire d'un corps solide.* L'important est en appliquant ce principe de ne point se méprendre et de ne point substituer, à son insu, dans les équations, les forces et leurs directions telles qu'elles seraient si la portion, ainsi isolée du reste par la pensée, était solide *à priori*, au lieu des forces, intensité et direction, telles qu'elles sont dans le fluide même.

S'il y a des géomètres qui aient contesté la généralité et la vérité absolue de ce principe, ce ne peut être qu'en vue de cette méprise, que nous avons précisément reprochée à Coulomb. On ne nous fera donc d'objection sérieuse qu'en nous prouvant que nous l'avons commise nous-même.

Si ce principe se présente incontestable et comme un véritable lieu commun dans les sciences, il faut aussi faire ressortir qu'il se présente avec un caractère d'insuffisance que je n'ai point déguisé. J'aurais mérité d'être condamné d'avance, si j'avais émis la prétention qu'à lui seul il permît d'échapper à l'analyse des propriétés caractéristiques de la masse à laquelle on l'applique. Mais telle n'a jamais été ma pensée.

L'hydrostatique est fondée sur l'égalité entre les pressions qui s'exercent sur les faces d'un petit cube. Mais il est à remarquer qu'on prouverait cette égalité de pression au lieu de la supposer, si, considérant le petit cube comme solide, on exprimait qu'il ne peut glisser sur aucune de ses faces, si par conséquent on lui appliquait textuellement les équations que j'ai posées au sujet des demi-fluides en y faisant le frottement nul. Comme dans ces équations on suppose connue la forme de la surface libre, on voit que le principe de l'égale pression en tous sens est remplacé par cet autre : *que la surface libre doit être normale à la force motrice*, ce qui peut être admis comme évident *à priori*, pour qu'aucune des particules qui sont à la surface ne puisse glisser sur la masse.

Je suis pourtant bien loin d'établir aucun parallèle entre cette dernière méthode et la première. Celle-ci s'appuie sur la propriété caractéristique des liquides; celle-là déguise et cette propriété et la parfaite identité de la masse entière avec une particule quelque petite qu'elle soit. En subordonnant ces deux qualités à l'impossibilité où se trouve une molécule solidifiée de glisser dans un sens ou dans un autre, elle remplace en quelque sorte des qualités positives par une qualité négative, et la définition d'un être par l'énoncé de ce qu'il n'est pas. Il serait donc déraisonnable d'introduire dans l'hydrostatique la méthode des fluides imparfaits; mais pour ceux-ci il n'y a pas de choix. Les relations qui existent entre les pressions qui s'exercent autour d'un même point ou sur les faces d'un même cube ne peuvent pas s'établir *à priori* et ne se déduisent au contraire que de la forme de la surface libre, encore est-ce avec une indéterminée.

Cette indéterminée, ainsi que je l'ai dit en commençant, dépend donc de la loi inconnue qui régit les pressions et les frottements dans un petit cube ou autour d'un même point. Ainsi nous n'échappons pas à l'ignorance de cette loi : elle affecte toujours implicitement nos formules, mais elle est reléguée dans une constante que l'expérience a donnée et que l'expérience pourra réduire en table. Il en doit être de même toutes les fois qu'au lieu de faire une analyse de la constitution intime d'un corps et des actions qui s'y produisent, on s'accroche, qu'on me pardonne l'expression, à un raisonnement juste, pour poser des relations vraies, mais toujours insuffisantes, et appelant l'expérience pour les compléter. C'est là, je le soutiens, la vraie méthode expérimentale.

Le principe général des vitesses virtuelles a été aussi appliqué aux liquides parfaits (*voyez* le Mémoire de M. Navier, *Mémoires de l'Institut*, 1823). En intégrant toutes les actions de répulsion qui s'exercent autour d'une même molécule, à l'instant où elle va se déplacer, puis prenant l'intégrale des moments virtuels de toutes ces forces dans toute l'étendue de la masse et l'égalant à o, on est arrivé aux équations fondamentales de l'hydrostatique. Ici la difficulté consisterait à mettre en présence l'action du frottement et les actions moléculaires qui déjà ne s'exercent plus quand la première commence; car jusqu'à présent le frottement n'a de sens pour nous qu'entre des surfaces finies. L'adhérence de deux molécules serait difficile à définir, leur frottement le serait bien davantage. Tout indique donc qu'on ne peut pas faire plus que poser l'équilibre d'une portion très petite, mais finie de la masse, en la considérant comme solidifiée : que les géomètres aillent plus loin, s'ils peuvent.

Et si l'on répugne à faire quelque différence entre une molécule et une partie de la masse très petite, mais finie, il convient, pour équilibrer toute espèce de remblais, ou de les remplacer par des remblais triangulaires plus considérables, ou même de les supposer portés jusqu'au talus naturel indéfini. Dans ce cas l'indéterminée disparaît dès que l'on suppose l'instabilité des molécules dans tous les sens. Cette hypothèse, la seule que je ne puisse appuyer sur l'expérience, réunit en sa faveur de grandes probabilités, car j'ai montré qu'elle revenait à admettre que si à la masse indéfinie élevée suivant le talus naturel, on ajoutait une charge quelconque, l'effet serait immédiatement de faire avancer le talus naturel et toute la masse parallèlement à elle-même. Mais je veux que l'hypothèse soit inexacte: rien n'empêche d'ajouter par la pensée sur le plan horizontal supérieur situé à l'infini, la pression capable d'opérer ce mouvement. Alors la masse sera constituée dans l'état où la supposent nos formules; alors les revêtements seront à l'épreuve non-seulement de la masse donnée, mais de cette charge supplémentaire, et ils seront à plus forte raison d'une épaisseur suffisante.

Voulez-vous une autre preuve que mon hypothèse est favorable à la stabilité des revêtements qu'on en déduira: prenez un remblai limité supérieurement à une droite quelconque indéfinie, par conséquent de niveau, ou en glacis. Vous admettez sans doute que si le revêtement est assez épais pour être inébranlable, le fluide imparfait restera lui-même en équilibre, et ne se soulèvera pas; en d'autres termes son équilibre est pour vous une donnée et non une chose à démontrer: donc dans un pareil remblai le frottement le long du revêtement et sur toutes les lignes parallèles à sa paroi intérieure ne dépasse pas le maximum. Supposez ce maximum et donnez à l'indéterminée f_0 la plus grande valeur qu'elle puisse avoir, en même temps que le signe le plus défavorable, il en résultera une poussée plus forte que la véritable. Eh bien! cette poussée trop forte sera précisément celle de la masse indéfinie élevée suivant le talus naturel en la calculant comme si l'instabilité y existait dans tous les sens.

§ V.

Telles sont les observations que j'ai à faire pour justifier une théorie que je regarde comme déjà appuyée sur des expériences, et qui peut du moins servir à en diriger de nouvelles. Je ne suis point à présent en position de faire moi-même ces expériences, elles exigent du temps et surtout de la suite dans les opérations; elles seront difficiles et coûteuses, parce qu'elles doivent être faites en très grand, afin de diminuer l'influence de la cohésion et de l'enchevêtrement des grains de sable ainsi que leur grosseur relativement à la masse entière. Il faut aussi atténuer les frottements latéraux et se rapprocher enfin le plus possible de cet état abstrait que supposent les calculs. Tout se réduira à faire un tableau des valeurs de f_0. Il est aussi une vérification curieuse, c'est celle des frottements moindres que le maximum; cette vérification peut être tentée, car ayant trouvé f_0, on calculera f_2 ou le frottement sur le talus naturel, puis on tâchera de se procurer une table plane sur laquelle le sable commence à couler sous une inclinaison un peu plus faible que f_2, et une autre table sur laquelle il commence à couler sous une inclinaison un peu plus forte. En couchant la première de ces deux tables au milieu de la masse des sables et suivant leur talus naturel, on vérifiera si la poussée est changée, et de même si elle ne l'est pas quand on remplace la première table par la seconde. Il serait bien de trouver un enduit qui permît de faire varier par degrés assez rapprochés le coefficient du frottement des sables sur une même table plane. Ce sera ensuite par des essais que l'on arrivera à trouver la valeur de f_0 en fonction de φ. Ces essais peuvent se faire sur la somme des frottements qui se produisent autour d'un même point et par unité de pression; et il peut être utile de suivre attentivement les variations de cette intégrale dont je vais calculer la valeur en fonction de φ et de f_0. Je suppose que la paroi intérieure du revêtement est verticale et la surface libre du sable horizontale. On a, d'après la formule (3) de la page 35, où l'on fait $\alpha = 0$, $\theta = 90^\circ$,

$$\int_0^{\pi} f dv = \int_0^{\pi} \frac{\cot v - k(1 - f_0 \cot v) \cot v}{1 + k(f_0 + \cot v) \cot v},$$

$$k = \frac{\cot \varphi - f_1}{\cot \varphi [1 + f_0 f_1 + (f_1 - f_0) \cot \varphi]};$$

v est l'angle que fait avec la paroi intérieure du revêtement la ligne sur laquelle le rapport du frottement à la pression est f;

f_1 est le frottement sur le talus naturel. On a (page 49)

$$f_1 = \frac{\cos \varphi + \sqrt{1 - f_0 \tang \varphi}}{\sin \varphi \dfrac{3 + \tang^2 \varphi}{2} + \sqrt{1 - f_0 \tang \varphi}};$$

en remplaçant $\cot v$ par $\frac{\cos v}{\sin v}$, et remarquant que

$\cos^2 v = \frac{1+\cos 2v}{2}$ et $\sin v \cos v = \frac{\sin 2v}{2}$, on trouvera

$$\int_0^{\pi} f dv = \frac{1+\cos 2v + \frac{1-k}{kf_0}\sin 2v}{\frac{1+k}{kf_0} + \sin 2v - \frac{1-k}{kf_0}\cos 2v},$$

λ et u étant des angles auxiliaires, faisons

$$\cot\lambda = \frac{1-k}{kf_0},\quad 2v+\lambda = u,$$

il viendra

$$\int_0^{\pi} f dv = \tfrac{1}{2}\int_{\lambda}^{2\pi+\lambda} \frac{\sin\lambda + \sin u}{\frac{1+k}{kf_0}\sin\lambda - \cos u}.$$

Intégrer une fonction circulaire entre λ et $2\pi+\lambda$, c'est intégrer la fonction dans toute l'étendue du cercle, c'est donc comme si on l'intégrait entre o et 2π. Ainsi

$$\int_0^{\pi} f dv = \tfrac{1}{2}\int_0^{2\pi} \frac{\sin\lambda + \sin u}{\frac{1+k}{kf_0}\sin\lambda - \cos u}\, du,$$

laquelle se décompose en

$$\tfrac{1}{2}\int_0^{2\pi} \frac{\sin\lambda\, du}{\frac{1+k}{kf_0}\sin\lambda - \cos u}, \quad \text{et} \quad \tfrac{1}{2}\int_0^{2\pi} \frac{\sin u\, du}{\frac{1+k}{kf_0}\sin\lambda - \cos u}.$$

Cette seconde intégrale est évidemment nulle, parce qu'il n'y a pas une valeur positive de la différentielle qui ne soit accompagnée d'une valeur négative qui lui est tout-à-fait égale au signe près. Quant à la première intégrale, elle égale deux fois l'intégrale prise entre o et π. Donc

$$\int_0^\pi f dv = \int_0^\pi \frac{\sin\lambda\, du}{\frac{1+k}{kf_0}\sin\lambda - \cos u}.$$

Je puis maintenant faire disparaître l'auxiliaire λ au moyen de la valeur de sin λ déduite de celle de cot λ,

$$\sin\lambda = \frac{kf_0}{\sqrt{(1-k)^2 + k^2 f_0^2}},$$

et il viendra

$$\int_0^\pi f dv = kf_0 \int_0^\pi \frac{du}{1+k-\sqrt{(1-k)^2+k^2 f_0^2}\cos u}.$$

Dans le dénominateur de la fraction à intégrer, le terme $1+k$ doit être généralement plus grand que le coefficient de cos u, c'est-à-dire que l'on a

$$(1+k)^2 > (1-k)^2 + k^2 f_0^2,$$

ou

$$4k > k^2 f_0^2 \quad \text{ou} \quad k < \frac{4}{f_0^2},$$

inégalité toujours satisfaite, parce que l'équation (2) (page 34) montre que la constante k n'est ici autre chose que le rapport de la pression sur le revêtement au poids $\frac{g\rho h^2}{2}$ du triangle d'éboulement, et ce rapport ne peut être qu'une fraction. Comme d'ailleurs f_0 peut tout au plus être supposé égal à cot φ, il n'y a aucun doute que k est plus petit que $\frac{4}{f_0^2}$. Or on sait que lorsque b est plus petit que a, on a

$$\int \frac{dz}{a - b\cos z} = \frac{1}{\sqrt{a^2 - b^2}} \text{ arc} \left(\cos = \frac{-b + a\cos z}{a - b\cos z}\right) + \text{constante},$$

ce qui entre $z = 0$ et $z = \pi$ se réduit à $\frac{\pi}{\sqrt{a^2 - b^2}}$.

On pourrait aussi trouver ce dernier résultat au moyen de l'intégrale bien connue

$$\int_0^\pi \frac{\cos \alpha x\, dx}{1 - 2p\cos x + p^2} = \frac{\pi p^\alpha}{1 - p^2},$$

où l'on supposerait

$$\alpha = 0 \quad \text{et} \quad \frac{1 + p^2}{2p} = \frac{a}{b}.$$

Je fais maintenant

$$a = 1 + k \quad \text{et} \quad b = \sqrt{(1 - k)^2 + k^2 f_0^2},$$

il vient

$$\int_0^\pi f dv = \frac{\pi k f_0}{\sqrt{4k - k^2 f_0^2}}.$$

Soit ζ l'arc auxiliaire dont le sinus est $\frac{f_0 \sqrt{k}}{2}$,

$$\int_0^\pi f dv = \pi \operatorname{tang} \zeta.$$

On voit que le maximum ou le minimum de $\int_0^\pi f dv$ dépend du maximum ou du minimum de $f_0 \sqrt{k}$ ou $f_0^2 k \ldots$; η étant un angle auxiliaire, faisons

$$\operatorname{tang} \eta = f_0,$$

la valeur de k peut être mise sous la forme

$$k=\frac{\cot\varphi-f_1}{\cot\varphi\,(f_0+\cot\varphi)\,[f_1+\operatorname{tang}(\varphi-\eta)]};$$

on a d'ailleurs

$$f_1=\frac{\cos\varphi\sqrt{\cot\varphi}+\sqrt{\cot\varphi-f_0}}{\frac{3+\operatorname{tang}^2\varphi}{2}\sin\varphi\sqrt{\cot\varphi}+\sqrt{\cot\varphi-f_0}}.$$

Supposons, à peu près comme dans les expériences de Rondelet, citées à la page 56, $\varphi=55^\circ$, $\cot\varphi=0,70$,

$$f_1=\frac{0,48+\sqrt{0,70-f_0}}{1,73+\sqrt{0,70-f_0}};$$

la quantité à rendre au maximum ou au minimum, c'est-à-dire $f_0^2\,k$, est

$$\frac{f_0^2\,(0,70-f_1)}{(0,70+f_0)\,[f_1+\operatorname{tang}(\varphi-\eta)]}.$$

On reconnaîtra par quelques substitutions à la place de f_0, que l'intégrale $\int_0^{\pi} f dv$ croît avec cette indéterminée; et comme la quantité de frottement qui se développe en chaque point par unité de pression peut à juste titre être considérée comme dépendant de la fluidité du milieu, voilà une raison de plus pour considérer f_0 comme une mesure convenable de cette fluidité.

Le capitaine du génie,

De Gardel.

NOTE

Sur l'insuffisance des résultats de Coulomb, comparés aux pratiques en usage.

Soit un demi-fluide de niveau dont la densité est ρ et la hauteur h, et qui se soutient naturellement sous un angle φ avec la verticale.

On a, suivant nous (page 52 de l'*Essai sur l'équilibre des demi-fluides*),

$$p_0 = \frac{g\rho h^2}{2\left[\frac{1}{\sin\varphi} + \sqrt{\cot\varphi\,(\cot\varphi - f)}\right]^2};$$

g représente ici la gravité.

La méthode de Coulomb, en équilibrant les prismes demi-fluides comme des coins solides qui poussent entre deux plans inertes, suppose nécessairement que l'on comptera les frottements sur ces deux plans avec le même signe, c'est-à-dire comme opposés tous deux à l'action du poids. C'est donc une conséquence forcée de cette méthode que le frottement ff contre le revêtement soit introduit dans le calcul; c'est par cette introduction qu'il faut la juger, et nullement par l'hypothèse $ff = 0$, qui n'est pas plus admissible que l'hypothèse d'un frottement nul dans l'intérieur des terres. D'après cela, l'expression de la poussée dans la théorie de Coulomb est celle même que je viens de poser, dans la quelle on change f_0 en $-ff$. Si pour la distinguer de la premièr je l'appelle p'_0, j'aurai

$$p'_0 = \frac{g\rho h^2}{2\left[\frac{1}{\sin\varphi} + \sqrt{\cot\varphi\,(\cot \quad + ff)}\right]^2}.$$

Soit 1 la densité de la maçonnerie, $\rho = \frac{3}{4}$, $\varphi = 55° 30'$, $ff = \frac{1}{2}$, ce qui est assez approché ; il viendra

$$p'_0 = \frac{1}{11,94} g h^2.$$

Le moment de cette poussée serait $\frac{gh^3}{3 \times 11,94}$; celui d'un revêtement à parements verticaux dont l'épaisseur est le tiers de la hauteur, a pour valeur $\frac{gh^3}{18}$, à quoi il faut joindre pour avoir la résistance totale, le moment du frottement que la maçonnerie exercera contre la terre dans son mouvement de rotation, lequel est égal à $ffp'_0 \frac{h}{3}$ ou $\frac{1}{2} p'_0 \frac{h}{3}$. Si donc j'appelle μ le coefficient par lequel il faut multiplier le moment de la puissance pour égaler celui de la résistance, j'aurai l'équation

$$\frac{\mu}{11,9} g \frac{h^3}{3} \left(1 - \frac{1}{2}\right) = g \frac{h^3}{18},$$

d'où $$\mu = 4.$$

Ainsi le coefficient de correction de la théorie de Coulomb serait en général 4. Mais supposons avec Coulomb que les terres devenant humides ne puissent se soutenir que sous l'angle de 70°; donnons-leur la densité maximum $\frac{4}{5}$. Alors aussi sera diminué le coefficient de frottement du revêtement contre les terres dans son mouvement de rotation. Il est de la nature de ce frottement d'être pour des terres ordinaires inférieur à celui des terres sur elles-mêmes, de lui devenir égal à mesure que celui-ci diminue, et de lui devenir supérieur quand il est nul. Je suis donc fondé à faire ici dans le calcul $ff = \cot \varphi$: je trouve alors $\mu = 2$, résultat inadmissible quand il s'agit des terres les plus denses et les plus fluides.

Considérez encore, dans les mêmes hypothèses si exagérées, le revêtement d'escarpe de 10 mètres de hauteur, surmonté de 2 mètres de talus extérieur ; vous trouverez aisément que le moment de ce revêtement, construit suivant le profil de Vauban, a pour valeur par mètre courant 60 fois le nombre g, soit 60. Celui de la poussée est 85. Celui du frottement de la maçonnerie contre les terres est 29. Donc le revêtement tout seul pourrait faire équilibre à la poussée et même à la poussée augmentée de $\frac{1}{10}$. Alors les contreforts seraient dans ce cas même tout-à-fait en sus. Je crois cette conclusion en opposition avec les intentions manifestées dans la règle de Vauban, qui a fait les contreforts contre la poussée et non contre le canon. Je suis le premier à admettre que les contreforts ne sont pas indispensables quand les terres ont une fluidité et une densité ordinaires, mais ils le deviennent si l'on va aux limites de fluidité et de densité. C'est précisément en vue de ces limites que leur auteur les a prescrits, et il est permis de concevoir de fortes présomptions contre une théorie d'où ne ressort pas l'utilité qu'ils prennent alors et qui ne les donne que comme un surplus pour parer à des éventualités qu'il n'est plus nécessaire d'invoquer quand on a admis des limites exagérées qui les renferment toutes. Coulomb l'avait bien senti lui-même; aussi s'empressait-il de négliger le frottement des prismes contre le revêtement, comme si dans la solution d'une question il était permis de négliger ce qui est l'expression même des suppositions qui servent de base. Je n'hésite pas à dire que cette omission était de la part de Coulomb une contradiction et un acheminement, à son insu, vers la méthode qui fait de ce frottement une indéterminée positive ou négative, suivant la nature du demi-fluide, et qui admet que l'effet de la poussée peut être soit d'appliquer les prismes, sans fraction ni frottement aucun, contre le revêtement, soit même de tendre à les soulever, soit enfin de les laisser frotter de haut en bas sur le revêtement, mais d'une quantité moindre que le frottement entier.

Enfin je n'ai jamais dit que la théorie de Coulomb fût fausse, mais bien incomplète. C'est un premier à-peu-près qu'il faut perfectionner, mais dont l'idée fondamentale, celle du maximum, restera toujours et sera toujours considérée comme un trait de génie de son auteur.

M. Poncelet, dans son dernier Mémoire inséré au n° 13 du *Mémorial de l'officier du Génie*, a cité un extrait des œuvres de Vauban qui prouve sans réplique que les contreforts ont été faits contre la poussée et non contre le canon: pourquoi donc suis-je revenu sur cette question? C'est que malgré cette citation, malgré l'usage d'ingénieurs expérimentés qui croient nécessaires de faire l'épaisseur égale à $\frac{1}{3}$ de la hauteur (page 31 dudit Mémoire), M. Poncelet n'a pas été conduit à cette conclusion : qu'il faut suspecter une théorie dont les résultats restent beaucoup trop endeçà de règles pratiques que M. Poncelet lui-même regarde comme parfois insuffisantes.

La règle du tiers de la hauteur peut devoir son origine à une théorie incomplète, absurde même, puisqu'elle ne tient pas compte de données dont la variation ne saurait être négligée. Mais aujourd'hui elle n'est plus pour nous qu'une règle d'expérience convenant à des données moyennes, et sous ce point de vue elle ne doit pas être méprisée; au contraire, elle doit servir de pierre de touche.

M. Poncelet arrive à ce résultat: que Vauban réglait ses épaisseurs d'après l'hypothèse d'une surcharge de terres constante et égale à $7^{m},80$, parapet compris. C'est là une conséquence de la méthode de M. Poncelet, et je persiste à dire qu'avant d'en venir là, il faut vider la querelle au sujet de cette méthode même. Je ne puis d'ailleurs m'empêcher de répéter que le résultat auquel je suis parvenu me paraît plus satisfaisant, puisque le profil moyen de Vauban serait à l'épreuve d'une surcharge infiniment élevée, le glissement étant rendu impossible par l'établissement des fondations. Il le faut ainsi pour qu'un ouvrage revêtu se présente avec la même stabilité que s'il ne l'était pas. Pourquoi serait-ce $7^{m},80$ plutôt que 10, 12, 100, etc.? Je crois encore que la réputation de Vauban n'a rien à gagner à tout ceci, et que c'est pousser peut-être à un excès puéril le culte de l'autorité que de faire remonter à lui la méthode de Coulomb, ou un tâtonnement qui en est l'expression parfaite, aux formules près. Nous ne verrons jamais dans le profil de Vauban que le résultat d'une expérience consommée, auquel il n'y aurait à peu près rien à changer si aujourd'hui nous n'avions la prétention de tenir compte des moindres variations dans les données, afin de dépenser en toutes circonstances le moins possible. Mais si cela vous paraît un but insignifiant, laissez-là le côté pratique et ne voyez dans les théories sur la poussée des terres, que des spéculations qui honorent l'art qui en est l'objet.

www.ingramcontent.com/pod-product-compliance
Ingram Content Group UK Ltd.
Pitfield, Milton Keynes, MK11 3LW, UK
UKHW012111240726
13965UKWH00004B/1690

9 782013 553964